Pieles

MONTAÑA
ENCANTADA

Adivina
quién
es

Silvia Dubovoy

Ilustrado por David Méndez

Pieles

EVEREST

A mis nietos Isaac, Jonathan, Eithan, Edy, Alexandra,
Daniel, Arturo y Álex, con quienes miro y remiro
la vida desde los ojos de la infancia.

Doy las gracias a Paco Pacheco, entrañable amigo,
que me ha enseñado el arte de pulir palabras, de impregnar
emociones en papel y de compartir mundos extraordinarios
a través de las letras.

A Pedro Moreno, por el tiempo disfrutado y compartido
entre orejas, picos, patas, ojos, dientes y alas...
Gracias por tu generosidad y tus conocimientos.

NO ES ASNO NI CABALLO,
AUNQUE SU PRIMO ES;
TIENE CRINES EN LA COLA
Y RAYAS EN SU PIEL.

CEBRA

LAS RAYAS LE SIRVEN PARA CONFUNDIR AL ENEMIGO.

VIVE EN GRANDES REBAÑOS.

ES MUY VISIBLE MIENTRAS ESTÁ QUIETA, PERO CUANDO SIENTE QUE ALGUIEN LA ATACA, CORRE Y SE CONVIERTE EN UN GRAN TAPETE DE RAYAS QUE HACE QUE EL ENEMIGO SE MAREE MIENTRAS LE TENGA LA VISTA PUESTA. PARECE UN GRAN CÓDIGO DE BARRAS EN MOVIMIENTO.

SU PIEL ESTÁ HECHA DE PELO GRUESO Y CORTO QUE NO PERMITE QUE PULGAS Y CHINCHES VIVAN DENTRO.

SE ATACAN UNAS A OTRAS MORDIÉNDOSE LOS TOBILLOS. PARA DEFENDERSE SE DEJAN CAER SOBRE SUS PATAS.

GIRA PARA ACÁ
Y GIRA PARA ALLÁ,
AL COMPÁS DEL
DO, RE, MI, FA.

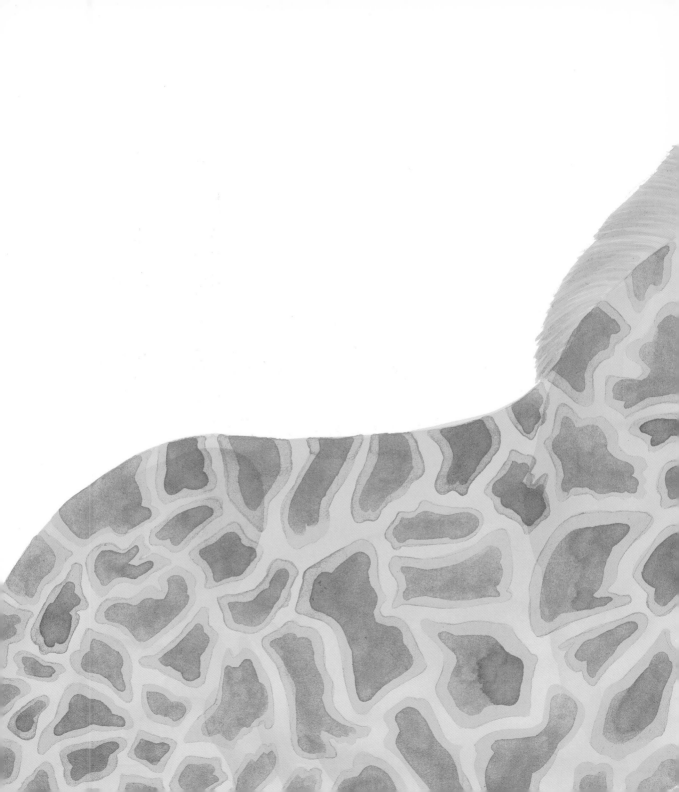

JIRAFA

CUANDO ESTÁ QUIETA, SU PIEL TIENE UN DISEÑO PARECIDO A UN GRAN PANAL DE POLÍGONOS.

CUANDO TIENE QUE ESCAPAR, COMO NO ES MUY VELOZ, SUS MOVIMIENTOS HACEN QUE LA PIEL PAREZCA UNA ENORME MANTA ONDULATORIA. CON ESO MAREA Y CONFUNDE AL ENEMIGO.

CUANDO SUS DEPREDADORES SE ENCUENTRAN EN LO ALTO, SU PIEL SE CONFUNDE CON EL SUELO.

PARA BEBER, ABRE LAS PATAS DELANTERAS HASTA BAJAR SU LARGO CUELLO AL NIVEL DEL AGUA, SORBE, VUELVE A LEVANTARSE Y PARA CADA TRAGO REPITE LA MISMA OPERACIÓN.

EN LOS BOSQUES DE SARGAZO

NOS PUEDES ENCONTRAR;

FLOTAMOS PANZA ARRIBA

COMO TURISTAS EN EL MAR.

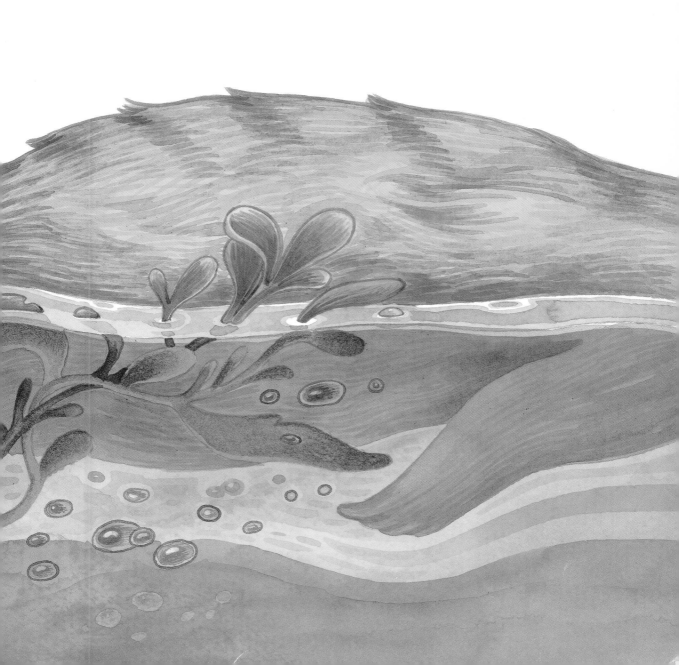

NUTRIA

TIENE 6.000 PELOS POR CENTÍMETRO CUADRADO, MÁS QUE CUALQUIER OTRO ANIMAL. ESTO HACE QUE SU ABRIGO SEA MUY CALENTITO.

SE SUMERGE PARA BUSCAR SU COMIDA. UNA VEZ QUE LA ENCUENTRA REGRESA A LA SUPERFICIE, SACUDE SU PIEL PARA QUE SE LLENE DE AIRE, Y FLOTA PANZA ARRIBA, COMO SI TUVIERA UN FLOTADOR.

USA SU PECHO COMO MESA Y AHÍ COLOCA LOS ERIZOS Y ALMEJAS QUE ENCONTRÓ.

EL AIRE ATRAPADO EN SU PIEL LE PERMITE DORMIR LARGAS SIESTAS MIENTRAS FLOTA.

VIVE EN LOS BOSQUES DE SARGAZO Y, CUANDO LE MOLESTA EL SOL, SE COLOCA UNA HOJA SOBRE LOS OJOS.

OSO DECIRTE QUE VIVO
BIEN ABRIGADO,
VISTO DE BLANCO
Y COMO PESCADO.

OSO POLAR

VIVE EN EL POLO NORTE, DONDE HACE MUCHÍSIMO FRÍO.

SU PIEL BLANCA LE SIRVE PARA CONFUNDIRSE CON EL HIELO Y PARA PROTEGERSE DEL CLIMA.

CADA UNO DE SUS PELOS ESTÁ HUECO COMO UN JUNCO. ESO HACE QUE EL ABRIGO SEA MUCHO MÁS LIGERO Y CALIENTE.

LA VENTAJA QUE TIENE EL PELO HUECO ES QUE CUANDO EL ANIMAL SE METE AL AGUA USA SU PIEL COMO FLOTADOR Y COMO ABRIGO A LA VEZ, Y, CUANDO SALE, DE UNA SOLA SACUDIDA QUEDA SECO.

CUANDO UN PELO DE ÉL SE DEJA CAER SOBRE UNA SUPERFICIE SÓLIDA SUENA COMO SI FUERA UN ALFILER.

CUANDO SE ASUSTA,
SE INFLA;
CUANDO SE CALMA,
SE APLANA.

PEZ GLOBO

SU PIEL ES AMARILLA Y POSEE LARGAS ESCAMAS QUE SEMEJAN ESPINAS.

ESAS ESPINAS SON TÓXICAS, POR LO QUE SE LE CONSIDERA UNO DE LOS PECES MARINOS MÁS PELIGROSOS.

CUANDO QUIERE DESANIMAR A UN POSIBLE ATACANTE, SE INFLA COMO UN GLOBO Y PONE SUS ESPINAS EN POSICIÓN DE ATAQUE. EN REALIDAD NO ATACA, SÓLO SE DEFIENDE.

SU PROBLEMA ES QUE MIENTRAS ESTÁ INFLADO NO PUEDE NADAR; SOLAMENTE FLOTA Y QUEDA A LA DERIVA, HASTA QUE SU CUERPO ELIMINA, LENTAMENTE, TODO EL AIRE.

ES TAN GRANDE MI FORTUNA
QUE ESTRENO TODOS LOS AÑOS
UN VESTIDO SIN COSTURA.

PITÓN

ES UNA SERPIENTE DE GRAN TAMAÑO. MIDE TANTO COMO TU AULA DE CLASE.

SU PIEL TIENE DIBUJOS EN FORMA DE ROMBOS DE COLORES Y ES MUY SEDOSA. ESA PIEL SÓLO LE DURA UNA TEMPORADA, AL CABO DE LA CUAL GENERA UNA NUEVA Y SE QUITA LA VIEJA, QUE SE COME COMO APERITIVO DE PRIMAVERA. ES MUY NUTRITIVA.

TOMA EL SOL TODAS LAS MAÑANAS PARA RECUPERAR EL CALOR PERDIDO DURANTE LA NOCHE, PUES IGUAL QUE TODOS LOS REPTILES ES DE SANGRE FRÍA.

PREFIERE LOS LUGARES HÚMEDOS.

LE GUSTA NADAR EN RÍOS, LAGOS Y HASTA EN MAR ABIERTO.

MI NOMBRE RESULTA
POCO DECOROSO.
PERO CON MIS PÚAS
ME TEME HASTA UN OSO.

PUERCOESPÍN

NO HAY PIEL MÁS PUNTIAGUDA QUE LA DE ESTE ANIMAL.

GRACIAS A ELLA SE PASEA TRANQUILAMENTE SIN QUE NADIE SE ATREVA A TOCARLO.

SU ÚNICA DESVENTAJA ES CUANDO QUIERE APAREARSE: LE PICA TODO.

SÓLO SU TROMPA Y SU PANZA NO TIENEN ESPINAS.

SUS ESPINAS SON COMO PEQUEÑAS AGUJAS; CUANDO SE CLAVAN PUEDEN ENTRAR, PERO UNA VEZ DENTRO NO PUEDEN SALIR, A MENOS QUE SE ROMPAN.

CUANDO SE SIENTE AMENAZADO LANZA SUS ESPINAS MÁS GRANDES Y PUNTIAGUDAS, QUE SE ENCUENTRAN EN SU ESPALDA, COMO DARDOS.

CROA COMO RANA,
NADA COMO RANA
Y PARECE RANA,
PERO NO ES LA RANA.

SAPO AZUL

ES EL ÚNICO ANIMAL QUE RESPIRA POR LA PIEL. TIENE UNA MUCOSA CON LA QUE ATRAPA EL AIRE.

VIVE EN LA SELVA. SU PIEL AZUL MUESTRA LO VENENOSO QUE ES.

SE UTILIZA SU MUCOSA PARA CUBRIR LAS PUNTAS DE FLECHA CON LAS QUE SE CAZAN GRANDES ANIMALES.

ES TAN, PERO TAN VENENOSO, QUE QUIEN SE ATREVE A TOCARLO MUERE.

PUEDE DARSE EL LUJO DE SER ESCANDALOSO Y BULLANGUERO, PUES NO HAY NADIE QUE SE ATREVA A ACERCÁRSELE, EXCEPTO ELLOS MISMOS CUANDO SE APAREAN.

SOMOS GATOS ELEGANTES
SILENCIOSOS AL CAZAR,
A TRAVÉS DE NUESTRAS RAYAS
NOS PODRÁS ADIVINAR.

TIGRE

ES EL MÁS GRANDE DE LOS FELINOS.

SU PIEL RAYADA NO LE SIRVE PARA CONFUNDIRSE CON SU ENTORNO, SINO PARA PODER ENCONTRARSE UNO A OTRO.

SU PIEL ESTÁ DISEÑADA PARA VIVIR EN CLIMAS FRÍOS, DONDE LE SIRVE DE GRAN ABRIGO.

ES EL ÚNICO FELINO AL QUE LE GUSTA NADAR, YA QUE EL AGUA ALIGERA SU PESO, REFRESCA SU CUERPO Y LO LIMPIA DE PIOJOS Y CHINCHES.

DESPISTA A LOS CAZADORES QUE LO PERSIGUEN PORQUE PISA CON LAS PATAS TRASERAS LAS HUELLAS DE LAS DELANTERAS.

ES MUY SOLITARIO.

VIVE SÓLO 20 AÑOS.

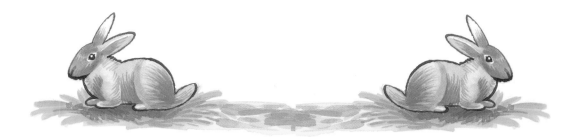

ADIVINA QUIÉN ES… **ALAS**

ADIVINA QUIÉN ES… **CAPARAZONES**

ADIVINA QUIÉN ES… **COLAS**

ADIVINA QUIÉN ES… **CUERNOS**

ADIVINA QUIÉN ES… **DIENTES**

ADIVINA QUIÉN ES… **OJOS**

ADIVINA QUIÉN ES… **OREJAS**

ADIVINA QUIÉN ES… **PATAS**

ADIVINA QUIÉN ES… **PICOS**

ADIVINA QUIÉN ES… **PIELES**

Dirección editorial: Raquel López Varela
Coordinación editorial: Ana María García Alonso
Maquetación: Cristina A. Rejas Manzanera
Diseño de cubierta: Jesús Cruz

CUARTA EDICIÓN

© del texto, Silvia Dubovoy
© de las ilustraciones, David Méndez
© EDITORIAL EVEREST, S. A.
de acuerdo con AIZKORRI ARGITALETXEA, S. M.
Carretera León-La Coruña, km 5 - LEÓN
ISBN-10: 84-241-8105-0
ISBN-13: 978-84-241-8105-5
Depósito legal: LE. 1370-2006
Printed in Spain - Impreso en España
EDITORIAL EVERGRÁFICAS, S. L.
Carretera León-La Coruña, km 5
LEÓN (España)
Atención al cliente: 902 123 400
www.everest.es